恐龙博士

恐人真的存在吗？

张玉光 著　　心传奇工作室 绘

中国少年儿童新闻出版总社
中国少年儿童出版社
北　京

1 恐龙生活的时期

地球自诞生以来已经有46亿年的历史了，为了便于大家了解地球的历史，科学家将这46亿年划分为5代：太古代、元古代、古生代、中生代、新生代。其中中生代又分为3纪：三叠纪、侏罗纪和白垩纪，恐龙是这一时期的霸主。

距今2.3亿年左右，最古老的恐龙始盗龙出现。此时，地球上的大部分地区是炎热干燥的荒漠。

距今1.5亿年，始祖鸟出现，有人认为它是最早的鸟类，也有人认为它是长着羽毛的小型兽脚类恐龙。

三 叠 纪

距今2.5亿~2亿年

侏 罗 纪

距今2亿~1.45亿年

地球诞生8亿年之后，才有了生命的迹象。很长一段时间，地球上的生命都集中在海洋里。距今5.3亿年，最古老的脊椎动物海口鱼出现；距今3.6亿年，一些鱼类才进化成两栖动物……地球上的生命进化得如此缓慢，任何微小的进步都值得歌颂。

2 恐龙的分类

根据骨盆的结构特征，科学家将恐龙分为两大类，一类是蜥臀目，它们的耻骨朝前，和蜥蜴的骨盆更像；一类是鸟臀目，它的耻骨朝后，跟鸟类的骨盆更像。

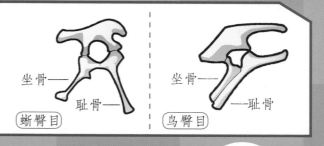

坐骨——
耻骨——
蜥臀目

坐骨——
——耻骨
鸟臀目

白垩纪

距今1.45亿~6600万年

白垩纪时期出现了许多体形巨大的恐龙，但是6600万年前的一场生物大灭绝使恐龙的时代戛然而止。

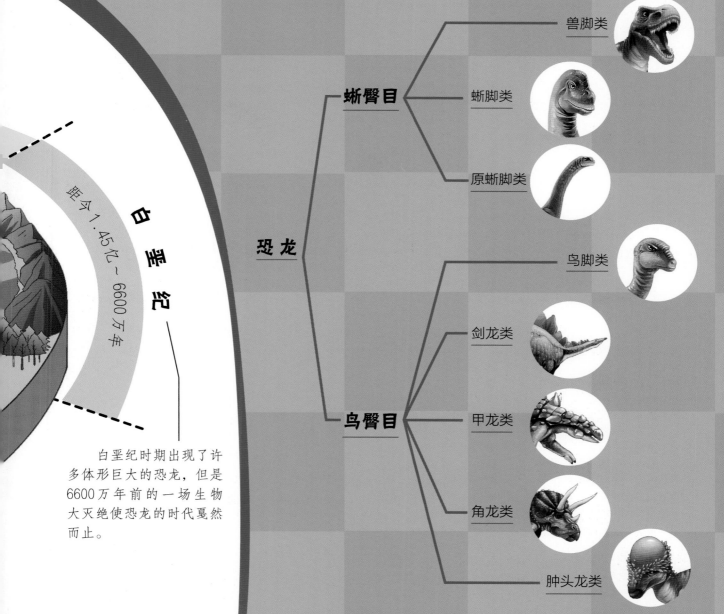

恐龙

蜥臀目
- 兽脚类
- 蜥脚类
- 原蜥脚类

鸟臀目
- 鸟脚类
- 剑龙类
- 甲龙类
- 角龙类
- 肿头龙类

目 录

我是伤齿龙

大家好，我是伤齿龙，一种兽脚类恐龙，生活在约 7500 万年前到 6600 万年前的白垩纪晚期，因为牙齿具有杀伤力而得名。我的名气很大，被公认为**最聪明的恐龙**。

伤齿龙体长约 2 米，身高约 1 米，体重约 50 千克，身形轻巧，属于小型恐龙，主要生活在北美洲地区。

最初，伤齿龙被认为是肉食性恐龙，因为它们的牙齿边缘有锯齿状结构，看上去很有杀伤力。后来，古生物学家发现它们的牙齿短而宽，呈叶片状，与植食性恐龙的牙齿有更多相似之处，所以推断伤齿龙可能是杂食性恐龙。

伤齿龙身上覆盖着短短的羽毛，脑袋上长着大大的眼睛，像鸟类一样灵动，而且产蛋、孵蛋的方式也与鸟类相似，古生物学家认为它们与鸟类的亲缘关系很近。

伤齿龙产蛋、孵蛋的方式与今天的鸟类行为非常相似。它们会以半蹲的姿势，把蛋细心地产在柔软的泥土中，然后再卧在上面孵化。为了避免压碎脆弱的蛋壳，它们在孵蛋时还会使蛋保持竖立状态，以减小来自身体的压力。

知识卡片

早在100多年前，学界就有了关于伤齿龙的文字描述，只是那时候材料少得可怜，古生物学家由此推断出来的结论很片面。后来随着化石材料的增多，人们才逐步对伤齿龙的食性、智力、行为和分类有了更多的认识。

伤齿龙的前肢可以像鸟类的翅膀一样向后折起，趾爪灵活。后肢第2趾上有大型可缩回的镰刀状趾爪。

伤齿龙的骨盆结构显示它们属于蜥臀目。

我有多聪明

人们都说我是最聪明的恐龙，甚至有古生物学家认为我能演化成恐人。你一定很好奇，我到底有多聪明，古生物学家又是用什么方法判断的？其实，他们是通过分析多种因素，比如**脑容量**、**脑形成商数**、**行为方式**等来综合判断的。

脑容量

脑容量是指头颅内腔容量的大小。一般认为脑容量越大，越聪明，其实这种说法并不准确。脑容量不能直接决定智商的高低，只是在一定程度上影响着智商。你能根据下面的图，判断出谁的脑容量最大吗？

脑形成商数

为了判断动物的智商，科学家发明了一种更准确的方法——脑形成商数，也就是脑容量与身体的比例。在所有恐龙当中，伤齿龙的脑容量与身体比例是最大的，所以古生物学家判断，伤齿龙的智商比其他恐龙的都要高，而且也比很多现生动物要聪明。

兔子 0.4   猫 1   狗 1.2   恒河猴 2.1

行为方式

　　除了研究大脑外，科学家还通过动物的行为来判断智商。伤齿龙的眼睛不仅大，而且朝向前方，具有深度知觉。古生物学家推测它们可能会在夜间活动，这是其他恐龙所不具备的高级行为。再加上它们富有智慧的产蛋和孵蛋方式，古生物学家推测，伤齿龙的智商与现生鸟类的差不多。

黑猩猩 2.5 ＜ 海豚 4 ＜ 伤齿龙 5 ＜ 现代人 7.5

我真的能演化成恐人吗

达尔文的进化论认为，生物是**不断演化**的，我们伤齿龙也不例外。为了更好地生存，我们会变得越来越有智慧。但演化成具有高度智慧的恐人，我们真的能做到吗？还是先看看古生物学家怎么说吧！

恐龙博士报

重大新闻

加拿大古脊椎动物学家戴尔·罗素在20世纪末提出，如果恐龙没有在6600万年前灭绝，聪明的伤齿龙很有可能沿着灵长类的发展方向演化，最后成为具有智慧的恐人。这就是著名的"恐人假说"。

根据罗素的设想，恐人长着大得出奇的眼睛、吓人的扁嘴巴和粗糙有纹理的皮肤，羽毛和尾巴都退化消失，而且直立行走，几乎看不出恐龙的影子，更接近人类的形象。

"恐人假说"曾经风靡一时，引起了学界和公众的极大关注，也给不少研究者带来压力。他们根据仿生学和动物行为来判断、推测，希望能够验证这个假说的真伪。但遗憾的是，6600万年前的"第五次生物大灭绝"使恐龙从地球上永远消失了，恐龙的演化之路彻底断绝，因此这个假说只能永远停留在理论层面，无法被科学验证。

游戏时间

超级辩论赛

题目: 恐人可能出现吗?

正方观点: 可能

正 恐龙在不断演化。

正 恐龙会变得越来越聪明。

正 恐龙是当时动物界的优势物种。

反方观点: 不可能

灾难会阻断演化。 反

恐龙的智商还不够高。 反

并不是所有物种都会朝着"人"的方向演化。 反

你支持正方观点,还是反方观点?请思考一下,说出你的答案吧!

脑洞大开

你心目中的恐人是什么样子?请展开想象,试着把它画出来吧!

我们的祖先是谁

　　演化成恐人只是古生物学家基于我们的高智商而做出的猜想，因为我们已经失去了未来……要想了解我们，以及整个恐龙大家族，就要知道我们最初是从哪里来的，我们的祖先又是谁。据古生物学家推测，我们的祖先是古老的**槽齿类爬行动物**。

　　槽齿类爬行动物是早期爬行动物中的一类，因牙齿长在齿槽内而得名。它们出现在古生代的二叠纪末期，到中生代的三叠纪末期灭绝，从解剖学上来看与早期恐龙很相似，因此大多数古生物学家认为，恐龙起源于槽齿类爬行动物。

知识卡片

　　随着研究的不断深入，古生物学家发现槽齿类是爬行动物中一个很大的类别，包含许多分支，恐龙究竟起源于哪一支呢？学界产生了不同意见。有人认为恐龙起源于槽齿类中的假鳄类，有人则认为恐龙起源于槽齿类中的多个分支。

游戏时间

伤齿龙要穿过复杂的迷宫，才能找到祖先，哪条路线才能
引领它走到正确的终点呢？请你帮忙找出来吧！

让我们快点出发吧！

我在这里哟!

恐龙有哪些种类

虽然我们恐龙大家族有着共同的祖先，但在演化过程中，随着家族的发展壮大，逐渐出现了分化，发展出了不同的成员。古生物学家根据我们身体构造的不同，将我们分成了**蜥臀目和鸟臀目**两大类，在这两个大类之下，又有许多分支类别。

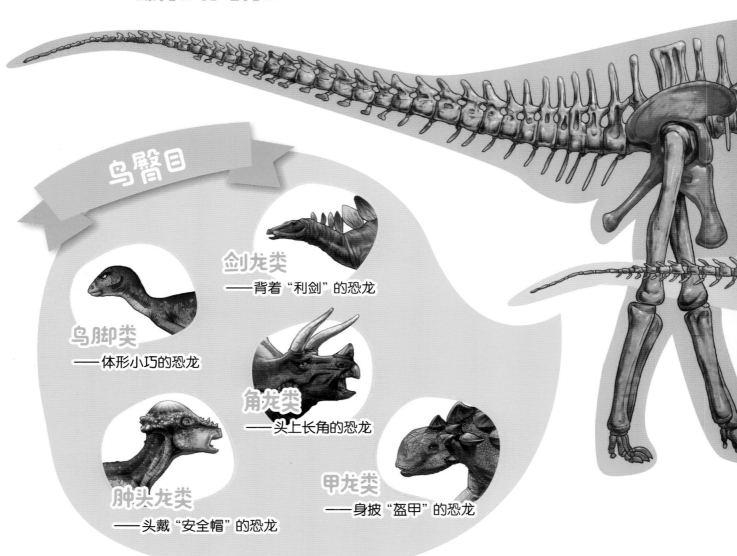

鸟臀目

剑龙类
——背着"利剑"的恐龙

鸟脚类
——体形小巧的恐龙

角龙类
——头上长角的恐龙

肿头龙类
——头戴"安全帽"的恐龙

甲龙类
——身披"盔甲"的恐龙

蜥臀目

蜥脚类
——体形最大的恐龙

原蜥脚类①
——最古老的恐龙

兽脚类
——最凶猛的恐龙

古生物学家猜测，鸟臀目恐龙可能像今天的鸟类一样不撒尿，而是充分回收利用体内的水分，以适应干旱的环境。

知识卡片

根据骨盆构造（专业上又称"腰带"），恐龙分为蜥臀目和鸟臀目两个目。蜥臀目的骨盆为三射型，耻骨在肠骨的下方向前延伸，坐骨则向后延伸；鸟臀目的骨盆为四射型，肠骨前后都大大地扩张，耻骨前侧有一个前耻骨突，伸在肠骨的下方，耻骨后侧向下延伸，与坐骨平行。

①近年来，古生物学家发现原蜥脚类位于蜥脚类恐龙演化谱系的基干位置，所以又称"基干蜥脚类"。

肿头龙类

肿头龙类最显著的特征就是头骨非常坚硬厚实，头顶向上高高隆起，用两足行走，以植物为食。也有人把肿头龙类和角龙类一起归为头饰龙类。

代表恐龙：肿头龙

剑龙类

剑龙类长着小小的楔形脑袋，身上"背"着两排高耸的三角形骨板，尾巴上还长着两对尾刺，以植物为食。

代表恐龙：剑龙

角龙类

角龙类由于头上长着角而得名，用四足行走，以植物为食。有的角龙头上还有颈盾。

代表恐龙：三角龙

甲龙类

甲龙类最早出现在侏罗纪中期，到白垩纪才发展起来。它们身上覆盖着厚厚的骨质硬甲，用四足行走，以植物为食。

代表恐龙：甲龙

蜥臀目

代表恐龙：许氏禄丰龙

原蜥脚类

原蜥脚类是蜥臀目中出现最早的恐龙类型，也是后期巨大的蜥脚类恐龙的祖先。

蜥脚类

蜥脚类的身躯庞大，四肢粗壮，长着长长的脖子和尾巴，脑袋很小，用四足行走，以植物为食。

代表恐龙：霸王龙

代表恐龙：马门溪龙

兽脚类

兽脚类大部分是以动物为食的凶猛捕猎者，长着锋利的牙齿和尖锐的趾爪，全部用两足行走，是中生代恐龙家族的霸主。

鸟臀目

代表恐龙：棱齿龙

鸟脚类

鸟脚类是以植物为食的恐龙，一般体形较小，擅于奔跑，既能用四足行走，也能用后肢两足行走。

地球上最早出现的恐龙

了解了我们的祖先和分类后，你一定很好奇，地球上最早出现的恐龙是谁？目前，大多数古生物学家都认为，最早出现的是兽脚类中的**始盗龙**。

始盗龙身上有一些较为原始的特征，比如长着5个脚趾，而后来出现的兽脚类恐龙大多数只有3个脚趾。不过，始盗龙的第5趾已经退化得非常小，第4趾也只是起到辅助支撑的作用。

始盗龙

生活在三叠纪晚期，分布在南美洲的阿根廷地区，体长约1.5米，体重约10千克，是以捕猎为生的肉食性恐龙。

最早的恐龙从肉食性的槽齿类爬行动物演化而来，因此以捕猎为生。但当时地球上的生物种类不多，数量又少，肉食性恐龙往往抓不到足够的猎物来填饱肚子。于是一部分恐龙为了生存，开始进食植物，才渐渐出现了**植食性恐龙**。

皮萨诺龙

生活在三叠纪晚期，分布在南美洲的阿根廷地区，体长约1米，是目前为止发现的最早的植食性恐龙。

知识卡片

恐龙最早出现在三叠纪晚期，到白垩纪末期灭绝，在地球上生存了约1.6亿年的时间。

走向繁盛的恐龙

　　随着时间的推移，我们恐龙家族逐渐**发展壮大**。到了侏罗纪，地球已经成了我们的天下。那时候气候温暖湿润，十分适宜我们繁殖发育，蜥脚类、兽脚类、剑龙类等不同类型的恐龙竞相涌现。

剑龙

马门溪龙

华阳龙

侏罗纪时期
的欧洲大陆

侏罗纪时期
的亚洲大陆

剑龙类
　　剑龙类最早出现在侏罗纪中期，在亚洲、欧洲和北美洲均有分布，到了侏罗纪晚期则逐渐衰退。

蜥脚类

侏罗纪中期，原始的蜥脚类——蜀龙开始出现。到了晚期，大型蜥脚类进入最繁盛的阶段，北美洲的梁龙、腕龙、雷龙和亚洲的马门溪龙是典型代表。

兽脚类

侏罗纪时期，兽脚类的数量较少，但在种类和体形上都有所发展，北美洲的异特龙和亚洲的永川龙极为相似。

梁龙

异特龙

永川龙

中国四川自贡

剑龙

侏罗纪时期
的北美洲大陆

19

恐龙的分异演化

进入白垩纪，地球环境发生了**很大变化**：大陆板块初步形成了今天的格局，气候变得更加四季分明，被子植物取代裸子植物占据统治地位。为了适应新环境，一批全新的恐龙异军突起，大大丰富了恐龙家族成员的种类。同时，原有的蜥脚类和兽脚类也发生了明显的演化。

鸟脚类

鸟脚类发展出更加高级的类型——鸭嘴龙类，不仅体形增大，数量也占到了当时所有植食性恐龙的 75%。

兽脚类

兽脚类的一部分变得更加高大强壮，出现了棘龙、蛮龙、暴龙等；另一部分开始长出原始的羽毛，发展出了伶盗龙、窃蛋龙等恐龙。

角龙类

角龙类发展出三角龙、五角龙、戟龙等各具特色的成员。

蜥脚类

蜥脚类发展出了泰坦巨龙，泰坦巨龙的形态和习性不同于侏罗纪时期的大个子。

甲龙类

剑龙类在侏罗纪晚期消失后，甲龙类迅速崛起，一直生存到白垩纪晚期。

21

蜥脚类都长一个样吗

如何分辨恐龙的种类是一门学问。不同类别的恐龙之间差异很大，难以分辨；同一类别的恐龙则大同小异，需要细心观察。比如蜥脚类恐龙，从外观上看都长得差不多，该如何分辨谁是梁龙，谁是圆顶龙，谁又是腕龙呢？

梁龙头骨

圆顶龙头骨

头骨和牙齿是判断恐龙种类的重要特征，也是恐龙分类的主要依据。梁龙的头骨低扁，牙齿呈棒状，只分布在上下颌的前端；圆顶龙的头骨高高突起，牙齿呈勺状，均匀地分布在上下颌。

梁龙和圆顶龙的共同特征是脖子不够灵活，头部抬起的高度有限，因此它们只能选择较为低矮的植物为食。

圆顶龙

梁龙

腕龙则不同，它区别于其他蜥脚类的最大特点就是前肢比后肢长，因此脖子能抬得较高，古生物学家推测腕龙的脖子能抬高到50度左右。这样它们觅食的范围就扩大了许多，既能吃到低矮的蕨类植物，也能吃到高大的松柏类植物。

腕龙

原蜥脚类和原始蜥脚类是一回事吗

在恐龙的分类中有个"原蜥脚类"，这给很多人造成了误解，认为原蜥脚类就是原始蜥脚类，这可就**大错特错**了！其实，原始蜥脚类只是蜥脚类中较为原始的类型，而原蜥脚类则是另外一种完全不同的恐龙类型。

许氏禄丰龙于1938年在中国云南禄丰县被发现，是在中国发现的最早的恐龙，被称为"中国第一龙"，外形与在欧洲发现的板龙相似。

原蜥脚类

食性有区别

有些原蜥脚类主要以植物为食，偶尔也进食昆虫和小型猎物，比如许氏禄丰龙；而原始蜥脚类则是真正的植食性恐龙。

相貌大不同

原蜥脚类个子矮小，其貌不扬，远不及蜥脚类有气势；原始蜥脚类则更接近蜥脚类，个子高大，身体粗壮，比如蜀龙可达12米长。

时间有早晚

原蜥脚类在三叠纪晚期出现，到侏罗纪早期消失；原始蜥脚类则集中在侏罗纪早期和中期，演化到晚期，成就了蜥脚类的大发展。

嗯？刚刚谁在叫我？

漫长的演化

原始蜥脚类

蜥脚类

峨眉龙

生活在侏罗纪中期到晚期，主要分布在中国四川省自贡市，体长10米~20米，身高4米~7米，体重10~15吨。

蜀龙是在中国发现的原始蜥脚类恐龙。与后期典型的蜥脚类恐龙不同，它的脖子非常短，而且拥有尾刺和尾锤。古生物学家认为蜀龙是峨眉龙的原始祖先类型。

蜀龙

生活在侏罗纪中期，主要分布在中国四川省自贡市大山铺恐龙遗址，体长约12米，体重约2.5吨。

兽脚类都吃肉吗

提到兽脚类，大家第一时间想到的就是暴龙、阿贝力龙、棘龙等大型肉食性恐龙，因此形成了兽脚类都是肉食性恐龙的印象。其实，兽脚类中还有一个分支类别叫虚骨龙类，它们被认为是**杂食性恐龙。**

兽脚类大部分是肉食性恐龙，它们的共同特点是身体强壮，头骨较大，上下颌开合度也大，牙齿尖锐，前肢较短，上面有锋利的趾爪，后肢强壮，用两足行走，如三叠纪的始盗龙，侏罗纪的双脊龙、异特龙、角鼻龙，白垩纪的霸王龙、鲨齿龙、巨兽龙。

兽脚类中的虚骨龙类身体轻盈，行动敏捷，嘴里少有牙齿，嘴巴末端呈喙状，不能像肉食性恐龙一样撕咬猎物。

据古生物学家分析，虚骨龙类专门吃昆虫、甲壳类或腐烂的动物尸体，甚至可能吸食其他恐龙蛋的蛋液。也有人认为像似鸵龙这样的恐龙会用灵活的前肢抓住植物，用喙嘴切断枝叶，从而进食植物。这些恐龙属于杂食性恐龙。

似鸵龙

生活在白垩纪晚期，主要分布在北美洲，名字的含义是"模仿鸵鸟的恐龙"，以奔跑速度快而得名。体长约4米，身高约1.4米，体重约150千克。

知识卡片

从分类学上来说，食性不是划分恐龙的标准，因此恐龙的食性与分类并没有直接的对应关系，既不能用食性来判断恐龙的类别，也不能用类别来判断恐龙的食性。

鸟脚类的行走方式有什么独特之处

　　恐龙作为爬行动物，大部分以四足着地的方式行走，也有用两足行走的，以兽脚类为主。除此之外，还有一类既可以用四足行走，又可以用两足行走的恐龙，它们属于鸟脚类。这种灵活的行走方式被称为"**半四足行走**"。

禽龙

　　生活在白垩纪早期，主要分布在欧洲、北美洲、北非和东亚地区，体长9米~10米，身高4米~5米，体重约7吨，是典型的"半四足行走"恐龙。

　　禽龙平时多用四足行走，重心落在后肢上，前肢起到辅助作用，用来稳定身体。这一点可以通过足迹化石得到印证，很多鸟脚类的后肢足迹前方能够见到较浅的印痕，这些印痕就是前肢着地留下的痕迹。

当禽龙为了进食，够取高处的植物时，便会抬起前肢，仅凭后肢站立起来，然后再用前肢抓取植物，送入口中进行咀嚼。

禽龙和其他鸟脚类恐龙一样，身上几乎没有防御武器，每当遇到威胁时，迅速逃脱就成了最有效的防御手段。这时，它会抬起前肢，用后肢两足迅速奔跑，同时抬起尾巴保持平衡，以最快的速度逃离险境。

剑龙类为什么长骨板

剑龙类的背上长着两排高大的骨板，十分威风。这些骨板的形态不尽相同，因恐龙而异，有的是左右对称的，有的则不对称；有的呈锐角三角形，有的则呈树叶形。那么，这些骨板究竟有什么作用呢？古生物学家对此做了不少**猜测**。

威吓敌人

这种观点认为骨板使剑龙类看起来更加高大威风，令肉食性恐龙不敢轻易靠近，因此能起到警示、威吓敌人的作用，是剑龙类最重要的防御工具。

吸引异性

这种观点认为剑龙类的骨板虽然看上去有威慑力，但是很脆弱，在战斗中一旦被咬住，就难以脱身，属于一种华而不实的视觉辨识物，就像雄孔雀的尾羽一样，是用来吸引异性的。

调节体温

古生物学家通过化石研究发现，剑龙类的骨板内有丰富的血管痕迹，说明这些骨板也许能够通过吸热和散热的方式来调节体温。当气温较低时，骨板张开，便于吸收阳光的热量；当气温较高时，骨板便会变换角度，进行散热。

甲龙类都有尾锤吗

　　甲龙类是一种以防御为主要生存手段的恐龙，它们的共同特征是背上覆盖着坚硬厚实的骨质甲板，这是它们最重要的防御武器。但这不代表它们遇到敌人时毫无还手之力，甲龙的尾巴末端就有一个硕大的尾锤，能用来**击退敌人**。

　　甲龙属于甲龙类中的甲龙科，尾锤由几块骨质甲板组成，相当坚硬。当遇到威胁时，它会主动出击，甩起尾锤，给敌人狠狠的一击。

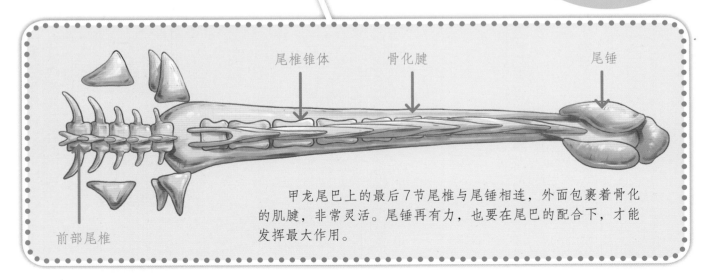

尾椎锥体　　骨化腱　　　　　　　　　尾锤

前部尾椎

　　甲龙尾巴上的最后7节尾椎与尾锤相连，外面包裹着骨化的肌腱，非常灵活。尾锤再有力，也要在尾巴的配合下，才能发挥最大作用。

并不是所有的甲龙类都有尾锤，**结节龙科**的恐龙就没有这一装备。结节龙科与甲龙科同属于甲龙类，外形相似，最大的区别就是尾锤。

结节龙科是完全防御型的恐龙，没有有效的进攻武器，遇到袭击时，只能先依靠背上坚硬的骨板来抵御，然后再趁机逃走。

结节龙

生活在白垩纪晚期，主要分布在欧洲、北美洲和大洋洲，体长约5米，身高约1.8米。

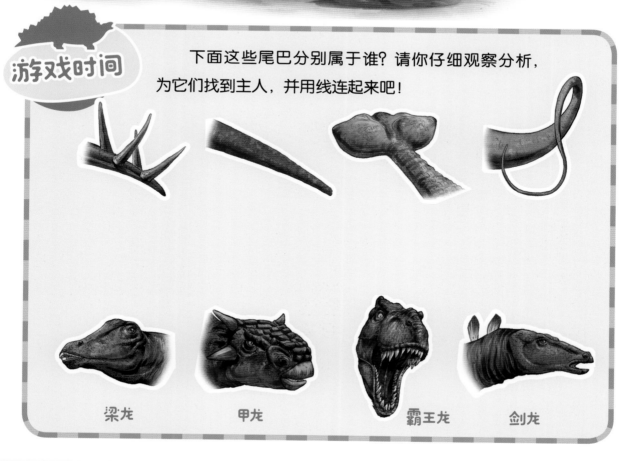

游戏时间

下面这些尾巴分别属于谁？请你仔细观察分析，为它们找到主人，并用线连起来吧！

梁龙　　甲龙　　霸王龙　　剑龙

角龙类头上都有角吗

提起角龙类，人们往往第一时间想到著名的三角龙。三角龙头上长着长长的尖角和大大的颈盾，十分引人注目，是角龙类的**典型代表**。可是，你知道吗？并不是所有的角龙类头上都有角，一些早期的角龙类就没有。

有角阵营代表

三角龙头上有两只长角和一只短角，最长的角可达1.2米。遇到袭击时，它们会奋起反抗，用长角刺穿敌人的皮肤和肌肉。

三角龙

生活在白垩纪晚期，体长6米~10米，身高2.4米~2.8米，体重5吨~10吨，是在地球上生活到最晚的恐龙。

无角阵营代表

鹦鹉嘴龙

生活在白垩纪早期，主要分布在亚洲，体长1米~2米，身高约1米，体重约20千克。

鹦鹉嘴龙既没有角，也没有颈盾，是目前已知最原始的角龙类，也被古生物学家认为是大部分角龙类的祖先。它们的颧骨十分发达，向外突出，经常被误认为是脸颊两侧长出的角。

原角龙也是角龙类中的原始类型，头上没有角，只在鼻骨上方有一个小小的突起。不过，原角龙已经拥有了宽大的颈盾。

原角龙

生活在白垩纪晚期，主要分布在亚洲，体长约1.8米，体重约180千克。

肿头龙类头顶为什么有鼓包

我们恐龙家族中有一个**特殊的种类**，那就是头顶鼓包的肿头龙类。肿头龙类长相很奇特，头顶高高隆起，像肿起了一个鼓包。它们为什么会有这么奇特的构造呢？原来这是它们的秘密武器！

肿头龙的头骨

肿头龙类头顶的鼓包其实是厚厚的头骨，最厚的地方可达 25 厘米，并且非常坚硬，能很好地保护大脑。

古生物学家推测，肿头龙类这种特殊的头骨可能有两个作用。一是在遭到攻击时可以有效地保护大脑，防止造成脑震荡；二是由于肿头龙类过着群居生活，所以族群内部会进行"撞头比赛"，以取得领导权。

肿头龙

　　生活在白垩纪晚期，主要分
布在北美洲，体长约4.5米，体
重约1.5吨。

　　关于"撞头比赛"的
方式，虽然尚有争议，但
目前最被人们广泛接受的
说法是，肿头龙类并不是
直接用头顶正面撞击，而
是以侧面互相碰撞。因为
头顶的接触面很小，撞击
时容易偏离方向。

恐龙会飞吗

我们恐龙家族并不都是皮肤粗糙、身体强壮的庞然大物，也有一些小巧灵活的成员，而且这些成员大部分**长有羽毛**。既然长有羽毛，那么它们能不能像鸟类一样飞上天空呢？

羽毛结构

鸟类的飞羽羽枝左右不对称，有利于飞行；小盗龙的羽枝左右对称，不适合飞行，只能起到平衡和保暖的作用。

鸟类羽毛

小盗龙羽毛

小盗龙

一种小型兽脚类恐龙，体长55厘米～70厘米，四肢覆盖着丰满的羽毛，被称为"四翼恐龙"。

小盗龙的身体结构和羽毛都不适于飞行，古生物学家推测它们只能在树枝间进行短距离的滑翔，不能像鸟类一样真正地飞上蓝天。

身体结构

　　鸟类的骨骼是中空的，消化系统很简单，生殖系统比较进步，胸部还有一个巨大的龙骨突，用来附着牵引翅膀的肌肉，这些都有利于它们在空中长时间飞行；小盗龙是兽脚类恐龙，身体结构仍然属于爬行动物，不适合飞行。

鸟类骨骼图　　　　　　　　　　小盗龙骨骼图

鸟类是从恐龙演化而来的吗

正因为有羽毛恐龙与鸟类有很多相似之处，所以有些古生物学家提出了**鸟类起源于恐龙**的假说，他们认为鸟类是从兽脚类恐龙里体形较小的一个分支演化而来。这个假说得到了许多人的认可，成为现在的主流学说。

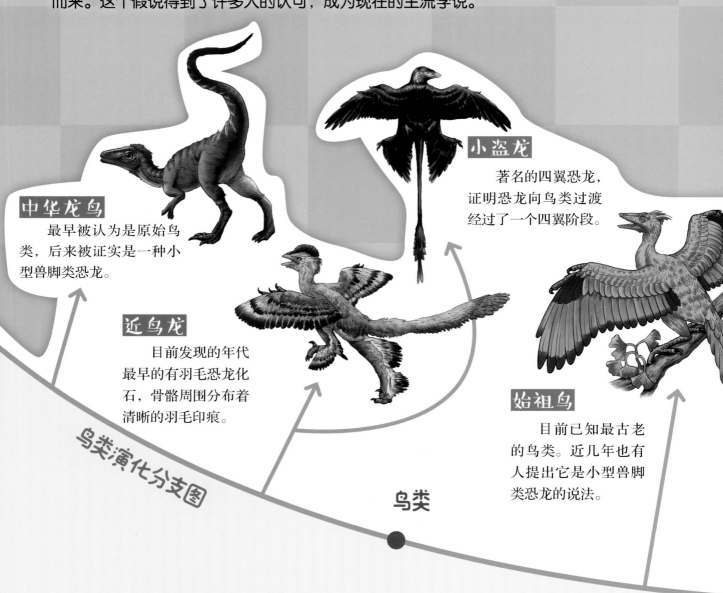

小盗龙

著名的四翼恐龙，证明恐龙向鸟类过渡经过了一个四翼阶段。

中华龙鸟

最早被认为是原始鸟类，后来被证实是一种小型兽脚类恐龙。

近鸟龙

目前发现的年代最早的有羽毛恐龙化石，骨骼周围分布着清晰的羽毛印痕。

始祖鸟

目前已知最古老的鸟类。近几年也有人提出它是小型兽脚类恐龙的说法。

鸟类演化分支图

鸟类

燕鸟

目前发现的白垩纪早期化石中最完整的今鸟类成员。

鹏鸟

目前已知体形最大的反鸟，骨骼兼有反鸟和今鸟的特征。

热河鸟

原始程度仅次于始祖鸟，为"鸟类起源于恐龙"提供了新证据。

原羽鸟

目前已知最原始的反鸟。反鸟是一种已在白垩纪晚期灭绝的原始鸟类。

鸽子

现今常见的鸟类，广泛分布于世界各地。

恐龙运动会

恐龙学校正在举办一场**趣味运动会**，霸王龙、马门溪龙等跃跃欲试，准备大展身手！请你从贴纸页找到相应的恐龙，把它们贴到正确的比赛小组里吧！

甩尾飞镖

扎气球

速度比拼

吃肉大赛

空中滑翔

1 2

43

图书在版编目（ＣＩＰ）数据

恐龙博士. 恐人真的存在吗？ / 张玉光著；心传奇
工作室绘. — 北京：中国少年儿童出版社，2019.3
ISBN 978-7-5148-5185-4

Ⅰ. ①恐… Ⅱ. ①张… ②心… Ⅲ. ①恐龙—少儿读
物 Ⅳ. ①Q915.864-49

中国版本图书馆CIP数据核字(2018)第292352号

KONGLONG BOSHI
KONGREN ZHENDE CUNZAI MA

出版发行：中国少年儿童新闻出版总社
　　　　　中国少年儿童出版社

出 版 人：孙 柱
执行出版人：张晓楠

策　　　划：包萧红	审　　读：聂 冰
责任编辑：刘晓成	责任校对：华 清
封面设计：杨 梦	美术编辑：杨 梦
责任印务：任钦丽	

社　　址：北京市朝阳区建国门外大街丙12号	邮政编码：100022
总 编 室：010-57526070	传　　真：010-57526075
编 辑 部：010-59344121	客 服 部：010-57526258
网　　址：www.ccppg.cn	
电子邮箱：zbs@ccppg.com.cn	

印　　刷：北京利丰雅高长城印刷有限公司

开本：889mm×1194mm 1/16	印张：3
2019年3月北京第1版	2019年3月北京第1次印刷
字数：38千字	印数：10000册
ISBN 978-7-5148-5185-4	定价：32.00元

图书若有印装问题，请随时向本社印务部（010-57526183）退换。

恐龙博士说恐龙，了解恐龙的方方面面

张玉光： 博士，研究员，北京自然博物馆科学研究部副主任，北京市科学技术研究院创新团队首席专家，主要从事古生物学（恐龙及古鸟类）的科研、科普工作。撰写科普文章百余篇，出版过《恐龙大百科》《史前动物大百科》等图书。

恐龙的演化和分类 《恐人真的存在吗？》

最聪明的恐龙是谁？它真的能演化成恐人吗？恐龙有着怎样的演化历程，又是怎么分类的？鸟类和恐龙有什么关系？……一系列天马行空的问题，引领孩子走入神秘的恐龙世界，了解恐龙的演化和分类！

更多揭秘，敬请期待！

体形全揭秘·《马门溪龙的脖子有多长？》	攻击和防御·《霸王龙为什么能称霸？》
食性和消化·《板龙为什么吃石头？》	命名和化石·《窃蛋龙真的偷蛋吗？》
繁殖和哺育·《恐龙也上幼儿园吗？》	恐龙的灭绝·《恐龙都去哪儿了？》

上架建议：少儿科普

ISBN 978-7-5148-5185-4

9 787514 851854 >

定价：32.00 元

恐龙博士

恐龙的命名和化石

窃蛋龙
真的偷蛋吗？

张玉光 著　　心传奇工作室 绘

中国少年儿童新闻出版总社
中国少年儿童出版社